ÉTUDES GÉOLOGIQUES

SUR

L'ANCIENNETÉ DE L'HOMME

ET SUR SA CO-EXISTENCE

AVEC DIVERS ANIMAUX D'ESPÈCES ÉTEINTES OU ÉMIGRÉES

DANS LES VALLÉES DU LOT ET DE SES AFFLUENTS

LA THÈZE, LA LÉMANCE ET LA LÈDE

(DÉPARTEMENT DE LOT-ET-GARONNE)

PAR

JACQUES-LUDOMIR GOMBES

PHARMACIEN

MEMBRE TITULAIRE DE LA SOCIÉTÉ GÉOLOGIQUE DE FRANCE ; — MEMBRE CORRESPONDANT DE
LA SOCIÉTÉ DE PHARMACIE DE PARIS ; — DE LA SOCIÉTÉ LINNÉENNE DE BORDEAUX ; —
ET DE LA SOCIÉTÉ D'AGRICULTURE, SCIENCES ET ARTS D'AGEN, ETC.

AGEN

IMPRIMERIE DE PROSPER NOUBEL

M. DCCC. LXV

ÉTUDES GÉOLOGIQUES

SUR L'ANCIENNETÉ DE L'HOMME

ET SUR SA CO-EXISTENCE

AVEC DIVERS ANIMAUX D'ESPÈCES ÉTEINTES OU ÉMIGRÉES

ÉTUDES GÉOLOGIQUES

SUR

L'ANCIENNETÉ DE L'HOMME

ET SUR SA CO-EXISTENCE

AVEC DIVERS ANIMAUX D'ESPÈCES ÉTEINTES OU ÉMIGRÉES

DANS LES VALLÉES DU LOT ET DE SES AFFLUENTS

LA THÈZE, LA LÉMANCE ET LA LÈDE

(DÉPARTEMENT DE LOT-ET-GARONNE)

PAR

JACQUES-LUDOMIR COMBES

PHARMACIEN

MEMBRE TITULAIRE DE LA SOCIÉTÉ GÉOLOGIQUE DE FRANCE ; — MEMBRE CORRESPONDANT DE
LA SOCIÉTÉ DE PHARMACIE DE PARIS ; — DE LA SOCIÉTÉ LINNÉENNE DE BORDEAUX, —
ET DE LA SOCIÉTÉ D'AGRICULTURE, SCIENCES ET ARTS D'AGEN, ETC.

————————

« La vie a donc souvent été troublée sur cette terre par
« des événements effroyables. Des êtres vivants sans nom-
« bre, ont été victimes de ces catastrophes ; les uns,
« habitants de la terre sèche, se sont vus engloutis par
« les déluges ; les autres qui peuplaient le sein des eaux ,
« ont été mis à sec avec le fond des mers subitement re-
« levé ; leurs races mêmes ont fini pour jamais, et ne
« laissent dans le monde que quelques débris reconnais-
« sables pour le naturaliste. »

CUVIER, (Révolutions du Globe.)

————◦◇◦————

AGEN

IMPRIMERIE DE PROSPER NOUBEL

--

1865

HOMMAGE RESPECTUEUX

A LA SOCIÉTÉ D'AGRICULTURE, SCIENCES ET ARTS D'AGEN

J.-L. COMBES

PRÉLIMINAIRE.

De tout temps, l'homme a désiré connaître l'ancienneté de la race à laquelle il appartient ; et de nos jours, des savants de premier ordre cherchent à reconstruire l'histoire de l'humanité dans nos pays, avec les détails de phénomènes et de coexistences qui se rattachent à la phase initiale de l'époque moderne, dite *quartenaire*.

Ecoutons d'abord les paroles inspirées par cette question si pleine d'intérêt, au savant géologue sir Charles Lyell, dans un célèbre et récent discours d'ouverture, prononcé en présence des sommités scientifiques du Royaume-Uni :

« Quand on nous demande, a dit M. Lyell, des milliers de siècles pour expliquer les événements de l'époque moderne, nous éprouvons comme une horreur d'avare à faire une telle dépense du temps. Nous avons, en effet, été accoutumés, dès notre enfance, à une économie si sévère dans tout ce qui a rapport à la chronologie de la terre et de ses habitants ; nous avons été tellement imbus de vieilles croyances traditionnelles, *que lors même que notre raison est convaincue*, et que nous comprenons la nécessité d'être plus libéral sous ce rapport, nous sentons combien il est difficile de secouer une vieille habitude de parcimonie...... »

En s'exprimant ainsi, l'éminent géologue anglais, d'accord avec la science telle que l'ont faite les récentes découvertes, nous aide à comprendre combien est reculé dans la nuit des temps l'âge primitif de la terre et quels milliers de siècles il a fallu pour voir se succéder les divers événements qui ont signalé l'époque moderne, depuis l'apparition de l'homme sur notre planète jusqu'à nos jours. Or, nous devons savoir que la durée de temps occupée par cette dernière époque dite quaternaire est infiniment petite, relativement à celle qu'ont réclamée les nombreuses modifications d'existence antérieurement subies par la terre.

Avant que les progrès incessants des études géologiques et paléontologiques fussent venues jeter comme un rayon de lumière dans l'obscurité qui enveloppe les diverses formations, modifications et créations antérieures à toute tradition écrite, il était permis d'assigner une durée restreinte à l'âge de la terre et de ses habitants. On ne le saurait plus faire aujourd'hui sans témoigner d'une profonde ignorance ou d'un parti pris de négation en présence de faits hautement accrédités. Il ne s'agit plus que d'un appel à notre conscience et à notre raison.

Mais, sortons des généralités et abordons la sphère plus modeste des études locales que je poursuis depuis seize ans, le marteau du géologue à la main, et qui m'ont fourni le sujet de ce rapide et sincère exposé.

Je commencerai par une simple indication des lieux et du résultat matériel des fouilles que j'y ai faites. Ce sont des brèches, grottes ou surplombs de roches, gravières des vallées et terrains meubles, tous appartenant aux alluvions de l'époque quaternaire. Je terminerai par quelques réflexions issues de l'examen des précieux restes de la faune et de l'industrie primitives, tels que me les a fournis la région méridionale de la France que j'ai explorée et que j'habite.

COUP D'ŒIL SUR LA VALLÉE DU LOT.

Il y a de belles et riches gravières dans cette vallée, mais je crois devoir signaler, comme étant d'un intérêt véritablement exceptionnel pour les études de la période quaternaire ou moderne, une grotte et une brèche situées sur les bords des coteaux à pentes douces qui bornent la fertile plaine arrosée par le Lot.

Avant d'exposer le résultat des fouilles que j'ai pratiquées dans ces deux anciennes cavités du nom de *La Pélénos* et de *La Pronquière*, il est peut-être opportun de donner quelques renseignements sur la rivière qu'elles dominent et la vallée qui s'est enrichie de ses alluvions.

Le Lot *(Oldus)*, grand cours d'eau de formation postpliocène, navigable pendant la majeure partie de l'année, prend sa source à l'est de Mende, aux pieds des montagnes du Gévaudan (Lozère), dirige son cours de l'est à l'ouest et va se jeter dans la Garonne, près d'Aiguillon (Lot-et-Garonne).

Parmi les localités qu'il baigne dans son trajet, je désignerai Cahors, Luzech *(Uxellodunum ?)*, Castelfranc, Puy-Lévêque, Duravel, Condat, Fumel, Libos, Saint-Vite, Ladignac, Lustrac, le Port-de-Penne, Villeneuve, etc. etc., négligeant avec intention celles qui n'ont fourni à ce travail aucun élément sérieux.

Sa largeur est d'environ cent mètres. Il parcourt jusqu'à Villeneuve une vallée large de deux kilomètres en moyenne, fertile, très-pittoresque, environnée de coteaux boisés autrefois et aujourd'hui soumis à la culture, et hauts de cent à cent cinquante mètres. Les uns ont des pentes douces, les autres sont très-déclives; la plupart sont formés d'un calcaire qui est très-dur, quelquefois gélif.

De Cahors à Fumel, le lit de la rivière est creusé dans le calcaire jurassique. De Fumel à Lapoujade, près Saint-Vite, le crétacé lui succède. Le tertiaire d'eau douce commence immédiatement après, en face des *Ondes*.

La vallée a pour sous-sol, dans presque toute son étendue, de magnifiques gravières d'une forte épaisseur, et directement superposées aux trois variétés du calcaire dont j'ai dit les noms en passant et qui constituent le lit et les berges du Lot.

Quant aux affluents de celui-ci, la Thèze, la Lémance et la Lède, dont nous avons aussi à nous occuper, il en sera question ultérieurement.

II

BRÈCHE OSSEUSE DE LAS PÉLÉNOS,

AVEC SILEX TAILLÉS.

(Près Monsempron-Libos.)

Je ne saurais mieux rendre compte de mes fouilles [1] dans cette brèche, qu'en mettant sous les yeux du lecteur le savant résumé qu'en a fait M. Adolphe Magen, secrétaire perpétuel de la Société d'Agriculture, Sciences et Arts d'Agen, dans une des séances de cette académie,[2] et qu'ont reproduit plusieurs journaux.

. . . .

« M. Magen entretient la Société d'une découverte « paléontologique du plus haut intérêt faite récemment

[1] J'ai commencé en septembre 1863 les fouilles de la brèche contenue dans cette grotte.

[2] Société d'Agriculture, Sciences et Arts d'Agen, séance du 9 janvier 1864, présidence de M. DE TRÉVERRET. (Extrait du procès-verbal.)

« par M. Combes, de Fumel, l'un de ses plus laborieux
« correspondants.

« Au sud de Monsempron, sur le flanc d'un plateau
« incliné du terrain crétacé (étages Cénomanien, Tu-
« ronien et Sénonien), se trouve, au lieu dit de *Las*
« *Pélénos*, un ancien puisard naturel aujourd'hui con-
« verti en grotte à ossement par suite de l'établissement
« d'une carrière. Ouvert en entonnoir à sa partie supé-
« rieure et dépourvu d'issue à sa base, ce puisard, dont
« l'élévation est de quatre à cinq mètres, présente à sa
« partie inférieure d'étroits conduits latéraux reliant
« plusieurs cavités de moindre dimension. Des concré-
« tions stalactiques et stalagmitiques peu volumineuses,
« teintées en jaune rougeâtre par des eaux chargées de
« fer, en revêtent les parois internes.

« Dans cette cavité, qui appartient tout entière au
« dur et grossier calcaire de l'étage cénomanien et où
« s'étaient accumulées d'épaisses couches de limon fer-
« rugineux, notre confrère, entamant à coup de pioches
« la croûte stalagmitique, a trouvé, agglutinés dans le
« plus grand désordre sous forme de brèche osseuse, un
« grand nombre de silex brisés à bords anguleux et
« tranchants et des restes fossiles de carnassiers, d'her-
« bivores et de rongeurs.

« La distribution de ces ossements, tous caractéristi-
« ques de la période quaternaire *(postpliocène* de Lyell)
« était très-irrégulière. Les rongeurs y cotoyaient les
« grands carnassiers qui, eux-mêmes, cotoyaient les
« herbivores, l'argile limoneuse empâtant et cimentant
« en une masse compacte ces débris si dissem-
« blables.

« L'examen des dents et des parties de mâchoires
« conservées a permis de reconnaître les animaux

« dont voici la liste indicative : 1o le bœuf; 2o le
« cheval; 3o le cerf; 4o l'ours ; 5o l'hyène ; 6o le
« renard; 7o le lièvre ou le lapin ; 8o le castor; 9o petits
« rongeurs de la taille du rat et de la souris; 10o la
« chauve-souris. Ajoutons à cette liste un grand car-
« nassier du genre chat, et un grand herbivore de la
« taille du bœuf ou du cerf, dont l'espèce reste indé-
« terminée.

« Comment ces ossements d'animaux de races et de
« genre de vie si divers se trouvent-ils réunis dans cette
« grotte? C'est qu'apparemment elle aura servi de re-
« paire successif aux trois carnassiers dont les noms
« figurent ci-dessus, sous les nos 4, 5 et 6, ainsi qu'à
« celui dont M. Combes n'a pu encore déterminer l'es-
« pèce. Dans les os des mammifères, bœuf, cheval,
« lièvre, castor, on serait amené à voir les résidus de
« leurs sanglants repas. Plusieurs de ces os ont été
« rongés, ce qu'on reconnaît aisément aux traces lais-
« sées par les dents à leur surface; d'autres ont été
« brisés dans le but probable d'en sucer la moelle.

« On peut admettre avec certitude qu'une bonne
« partie des ossements, des silex et de l'argile que
« la grotte renferme actuellement à l'état de brèche
« osseuse, y a été transportée, non par des eaux ma-
« rines, mais par des eaux douces, torrentielles et pas-
« sagères. Le phénomène de son remplissage est donc
« purement local. De petites coquilles terrestres que
« M. Combes y a aussi trouvées et dont les pareilles se
« retrouvent actuellement dans les environs, permettent
« d'affirmer que les os des mammifères entraînés avec
« elles ne pouvaient venir de loin.

« Arrivons aux silex à bords tranchants dont nous
« avons tout à l'heure signalé la présence dans la

« grotte. Ceci nous paraît être le point capital de la
« découverte.

« Il y en a de deux sortes. Les uns offrent des traces
« incontestables du travail humain ; les autres, bien plus
« nombreux, où nulle trace de ce travail ne se laisse voir,
« n'accusent pas moins peut-être l'action volontaire et
« réfléchie de l'homme.

« Ces derniers ont généralement une longueur de 4 à
« 5 centimètres. Ils sont tranchants par un ou plusieurs
« de leurs côtés, mais le tranchant, irrégulier, offre tou-
« jours l'aspect d'une lame fortement ébréchée. Ce sont
« évidemment des éclats de silex destinés à subir un
« polissage ultérieur. On en chercherait vainement de
« semblables dans le gisement, assez éloigné d'ailleurs,
« d'où ils proviennent, ce qui prouve qu'ils y furent soi-
« gneusement et intentionnellement choisis.

« Quant aux autres, ils présentent la forme bien
« nette d'un fer de lance. Pour obtenir sur le fil du
« tranchant une ligne régulière, on a multiplié sur les
« bords de tout petits éclats dont les traces restent
« très-visibles.

« Ces silex et des os taillés en pointe, trouvés par
« M. Combes dans le même empâtement, que sont-ils,
« sinon les armes et les ustensiles des premiers habi-
« tants de l'Agenais ?

« A défaut de fossiles humains, ces intruments, si
« grossiers qu'ils soient, constituent donc un argument
« très-solide à l'appui de la coexistence de l'homme
« dans nos contrées avec les animaux de la période
« quaternaire.

« Tel est le sentiment d'un habile géologue, M. Du-
« portail, ingénieur à Villeneuve-sur-Lot; tel aussi
« celui de M. le docteur Garrigou, inspecteur des eaux

« de Dax, et si connu par sa féconde exploration des
« grottes de Bruniquel. Ces savants se sont rendus à
« Fumel tout exprès pour visiter le puisard de *Las*
« *Pélénos*. Des recherches poursuivies pendant quatre
« heures sous leur direction, ont confirmé les premières
« découvertes de M. Combes et notablement accru sa
« belle collection paléontologique.

« M. Magen fait passer sous les yeux de ses collègues
« divers échantillons des silex recueillis par M. Combes.
« La Société, partageant la conviction de ce laborieux
« investigateur de nos antiquités géologiques, lui vote
« des remerciements pour sa très-curieuse communi-
« cation. »

Ayant continué mes fouilles depuis l'époque où fut
faite cette communication, je dois ajouter à la liste des
animaux dont je retrouvai des restes dans la brèche de
Las Pélénos, le grand cerf *(Cervus Megaceros)*, le Renne,
le Bouquetin, l'Aurochs, le Sanglier, un individu du
genre Chien ou Loup avec des débris ayant appartenu
à deux espèces d'oiseaux dont l'un voisin de la Perdrix
et l'autre de la Grive.

La forme et l'aspect général des silex taillés y sont des
plus primitifs. Il s'y rencontre aussi plusieurs petits
blocs-matrices (*nuclei*) d'où nos premiers pères ont
probablement extrait leur divers genres d'outils siliceux,
et qui semblent eux-mêmes avoir été fournis par les
bancs de calcaire crétacé et tertiaire du voisinage. On
les y trouve, en effet, l'un sous forme de rognons siliceux recouverts de carbonate calcaire marin,[1] l'autre

---

[1] Calcaire des environs.

sous forme de pierre meulière prise dans des bancs de pierre d'eau douce très-dure.[1]

Les bouts de flèche façonnés avec des os assez régulièrement cassés et les autres fragments d'os aiguisés pour outillage que j'ai recueillis à *Las Pélénos* révèlent un travail incontestable, mais très-grossier, et sans trace *d'art* proprement dit.

---

[1] Calcaire du *Pec-des-Moulhieres*, près Fumel.

III

GROTTE DE LA PRONQUIÈRE,[1]

PRÈS SAINT - GEORGES ET SAINT - VITE.

(OSSEMENTS ET SILEX TAILLÉS.)

Je laisse encore la parole à M. Ad. Magen qui, dans un rapport fait le 2 avril 1864 à la Société académique d'Agen, décrit *de visu* cette antique excavation.

.... « J'ai visité dernièrement, en compagnie de
« notre collègue, M. Combes, la grotte de *La Pronquière*
« dépendant du domaine de ce nom, qui appartient à
« M. Dalché et qui est située sur la rive gauche du Lot,
« au nord-ouest du hameau de Saint-Georges, dans le

---

[1] Cette grotte appartient à MM. Dalché et Lys, propriétaires de *La Pron-quière.* Je prie ces Messieurs de vouloir bien agréer mes remerciments et ma reconnaissance pour l'autorisation amicale qu'ils ont bien voulu me donner de faire les fouilles, ainsi que pour la part active qu'y a prise toute leur famille.

« canton de Tournon. Sa hauteur approximative au-
« dessus du niveau du lit qui coule à deux kilomètres
« de distance, est de vingt à vingt-cinq mètres. On y
« entre par deux ouvertures spacieuses exposées au
« nord-ouest, et l'on se trouve d'abord dans une sorte
« de vestibule qui a deux ou trois mètres de hauteur.
« Ce vestibule ne tarde pas à se diviser en deux galeries
« qui se dirigent presque parallèlement vers le sud.
« L'une d'elles est accessible dans un parcours d'envi-
« ron quinze mètres, on peut en marquer vingt-cinq
« dans l'autre. Au-delà, on est arrêté par des éboule-
« ments argileux montant du sol à la voûte.

« Le calcaire dans lequel s'ouvre la grotte appartient
« au terrain tertiaire. Bien que traversé sur quelques
« points par des infiltrations pluviales, il ne présente ni
« à la voûte, ni le long des parois, ni sur le sol, de revê-
« tement stalactitique. On marche constamment sur une
« épaisse couche de boue argileuse d'une faible compa-
« cité. C'est en défonçant profondément cette couche
« que l'on trouve les curieux débris dont M. Combes,
« a enrichi sa collection. Ils consistent, comme à *Las*
« *Pélénos*, en dents, en ossements, en silex taillés, en
« galets exclusivement quartzeux.

« Dans une recherche de quelques minutes à travers
« un terrain que M. Combes croyait avoir épuisé, nous
« avons trouvé une dent d'*Elephas primigenius* et des
« os de toutes dimensions. »

Voici la liste des fossiles ou objets exhumés par moi
du sol de cette grotte.

    1º L'Eléphant mammouth (*Elephas primigenius*).
    2º Le Rhinocéros à cloison nasale osseuse (*Rino-
        cros tichorhinus*).

3o Le Bœuf primitif (*Bos primigenius*).

4o Le Cheval.

.5o Le Grand-Cerf (*Cervus megaceros*).

6o Le Cerf ordinaire.

7o Le Renne.

8o Le Bouquetin.

9o L'Hyène des cavernes (*Hyena spelœa*).

10o Le Chat sauvage.

11o Le Renard.

12o Le Blaireau.

13o Le Lapin ou Lièvre.

14o La Belette.

15o Petits rongeurs de la taille du rat et de la souris.

16o Bon nombre de débris d'oiseaux, parmi lesquels des tarses et des *tibia* ayant dû appartenir à certaines espèces de la taille de la Cigogne et des hérons.

17o Un morceau de maxillaire de poisson.

18o L'*Helix aspersa* et le *Cyclostoma elegans*.

19o Des Coprolithes, principalement d'Hyène.

20o Du charbon, avec des traces d'anciens foyers.

21o Des gros os cassés, et qui, bien que taillés très-grossièrement, ne devaient pas être moins re-doutables comme armes offensives et défensives. (*Voir la planche.*)

22o Quelques couteaux ou grattoirs en silex, assez bien taillés, et dont l'un, fortement ébréché sur ses deux tranchants latéraux, porte des traces évidentes de l'usage que l'homme en a fait.

Les objets retrouvés dans cette cavité ne laissent pas plus voir que ceux de *Las Pélénos* des traces *d'art*

véritable. C'est de l'industrie humaine à l'état rudimentaire.

Le passage suivant du compte-rendu annuel des travaux de la Société d'Agriculture, Sciences et Arts d'A-
gen, présenté par M. Magen, secrétaire perpétuel de
cette Compagnie, dans la séance publique du samedi
3 décembre 1864, complétera pour le lecteur l'exposé
de mes découvertes dans la brèche de *Las Pélénos* et
dans la grotte de *La Pronquière*.

. . . .

« Mais sans aller aussi loin dans l'espace, sans même
« sortir de notre département, vous pourrez, avec
« M. Combes, de Fumel, pour guide, remonter assez
« haut dans le temps pour y rencontrer l'homme
« primitif. Comme la vallée de la Dordogne, les
« vallées du Lot et de La Lémance ouvrent à l'ex-
« plorateur de leurs brèches et de leurs grottes
« calcaires, avec des trésors pour nos musées, des
« horizons aussi larges qu'imprévus sur la période
« dite quaternaire. L'Éléphant et le Bœuf primitifs, le
« Rhinocéros à cloison nasale osseuse, le Grand-Cerf,
« la Hyène et l'Ours des cavernes, depuis longtemps
« disparus de notre globe, ont laissé leurs dépouilles
« dans ces grottes côte à côte avec d'autres animaux
« restés nos contemporains, le Cerf ordinaire, le Renard,
« le Blaireau, le Lièvre, l'Antilope, hôte immémorial des
« parties chaudes de l'Asie et de l'Afrique, et le Renne
« qu'aucun témoignage humain ne nous montre vivant
« hors des régions boréales. Faible, nu, sans autres
« armes que la pierre siliceuse qu'il aiguisait en hache
« ou effilait en pointe de flèche, l'homme, aussi rare
« alors qu'il pullule aujourd'hui, n'est représenté dans

« ces archives de la nature que par les traces de son
« industrie, armes défensives, instruments de chasse
» ou de pêche, grattoirs à préparer des peaux, aiguilles
« à coudre des vêtements, charbons révélateurs de ses
« derniers repas. La brèche de *Las Pélénos*, au-des--
« sous de Monsempron, et la grotte de *La Pronquière*,
« près Saint-Vite, où votre Secrétaire l'a aidé dans ses
« recherches, ont fourni à M. Combes son plus pré-
« cieux butin. Inscrivons, Messieurs, ces deux noms
« dans nos Mémoires, comme frères de gloire anté-
« historique, avec ceux de *Bruniquel* mis en lumière
« par le docteur Garrigou et des *Eyzies*, près de
« Bugue, illustré par les merveilleuses découvertes de
« notre célèbre collègue, M. Lartet, et de son savant
« collaborateur, M. Christy. »

IV

AFFLUENTS DU LOT.

LA THÈZE. LA LÉMANCE. LA LÈDE.

GROTTES ET SURPLOMBS DE ROCHES, AVEC OSSEMENTS ET SILEX TAILLÉS.)

La *Thèze*, qui, avant de se jeter dans le Lot, à Condat, reçoit le tribut de petits affluents issus des coteaux de Bonnaguil, prend sa source au village de La Thèze, près Frayssinet (département du Lot). Elle arrose une étroite vallée de formation secondaire, bordée par des tertres escarpés et pittoresques. Sa largeur moyenne est de trois à quatre mètres, sa direction, de l'Est au Sud, parallèle à celle de La Lémance. Depuis Pombié, ces deux petites rivières baignent les deux versants opposés des mêmes coteaux.

La Thèze, dans son parcours, arrose Frayssinet, Montcabrier, Saint-Martin, Boussac et Condat.

La *Lémance* prend sa source au lieu du *Prat*, sous les coteaux de Lavaur (Dordogne), et se jette dans le Lot, à Libos. Sa direction, qui est Est-Ouest jusqu'à Pombié, est Nord-Est-Sud de ce village à Libos. Elle a une largeur moyenne de cinq à six mètres et coule dans une vallée où abondent les sites gracieux.

Entre autres villages, ce cours d'eau dessert ou traverse : Sauveterre, Saint-Front, Cuzorn, Pombié, Monsempron et Libos, localités dont nous reparlerons, et où prédomine le minerai de fer.

Les coteaux qui bordent la vallée de la Lémance appartiennent presque entièrement, par leur formation et leur composition calcaire, à l'époque secondaire.

La Lède, sortie d'Aigues-Parses (Dordogne), vient se jeter dans le Lot, après avoir roulé ses eaux devant Le Lédat et Casseneuil. Son cours, quoique irrégulier, se dirige, en somme, de l'Est à l'Ouest, et compte 52,000 mètres. Sa largeur moyenne est de cinq mètres. Elle suit une vallée sinueuse, mais pittoresque au plus haut point entre La Capelle et Gavaudun. Ajoutons que, depuis son berceau jusqu'aux environs de Salles, ses coteaux appartiennent à la grande époque secondaire, et que le dépôt tertiaire caractérise leur formation de Salles à Casseneuil.

Parmi les localités que baigne La Lède, et qui nous intéressent spécialement, je citerai La Capelle-Biron, Gavaudun, Salles, Montagnac et Monflanquin.

Ces trois affluents du Lot ne sont pas navigables, mais ils font mouvoir un grand nombre d'usines importantes, parmi lesquelles plusieurs forges alimentées par

2

le minerai de fer extrait des terrains-meubles envi-
ronnants.[1]

La vallée de *La Thèze* ne présente rien de remarquable au point de vue spécial de l'ancienneté de
l'homme. Elle se trouve infiniment moins favorisée que
les vallées voisines de La Lémance et de La Lède.
C'est à peine si j'ai pu y rencontrer quelques silex
taillés et deux longues dents aiguisées en poinçon. Le
Pec-Cabrillé, le *Pec-del-Trel* et le surplomb de roche
situé en face de l'ancien château féodal de Bonnaguil,
sont les seuls endroits qui m'aient offert ces rares, mais
caractéristiques spécimens.

Je dois citer comme provenant du *Pec-Cabrillé*, et
sans doute de quelque antique grotte primitivement
habitée et détruite depuis par suite de sa transforma-
tion en carrière, une masse de granit arrondie sur les
bords et légèrement creusée au centre, qui a dû servir
à broyer les grains. Les gisements de Tayac et de
Tursac (Dordogne) en ont fourni de semblables à M. de
Vibraye et à MM. Lartet et Christy.

La vallée de La Lémance possède deux grottes de mé-
diocre grandeur, en partie clôturées par des dépôts argilo-sableux, qu'y ont entraîné les eaux pluviales. Ces
deux cavités, situées à *Guirodel*, près Cuzorn, sur le
flanc d'un coteau qui domine la rivière, occupent une
assiette très-heureuse, qui offrait à l'habitant primitif de

---

[1] Pour plus de détail, lire mon premier travail Géologique et Botanique
sur *Fumel et ses environs* (*Haut-Agenais*).

la vallée un naturel et très-commode abri. J'ai trouvé un assez bon nombre de petits silex taillés aux abords et à quelque distance de ces grottes. La taille de ces silex est informe et révèle une industrie tout-à-fait grossière.

Après avoir fouillé à plus d'un mètre dans l'intérieur de ces grottes, sans y trouver traces d'ossements, j'ai dû renoncer à pousser mes recherches plus avant, à cause des dépenses qu'elles auraient suscitées. Il ne me paraît pourtant pas douteux que je n'eusse extrait des couches inférieures quelques débris d'animaux ayant vécu à l'époque où furent taillés les silex que j'ai recueillis aux environs.

Monsempron m'a encore fourni quelques restes de brèche osseuse, principalement dans l'espace abrité et profond compris entre le collége et la grande carrière, sous des roches qui surplombent dans la direction du ruisseau.

Mais c'est aux environs de Sauveterre que j'ai, en remontant la Lémance, fait ma plus belle récolte. Sur divers points isolés, tous formés par des surplombs de roches, j'ai pu constater la trace de l'homme par d'assez nombreux ouvrages de ses mains.

J'ai à citer, entre autres gisements, un énorme surplomb, situé à côté du cours d'eau, près les forges hautes de Sauveterre. Un large et noir foyer d'au moins 10 à 15 mètres de diamètre, sur une moyenne d'un mètre d'épaisseur, s'étend sous cette roche qui l'abrite en majeure partie. Il est recouvert dans toute son étendue d'environ 1 mètre 50 à 2 mètres de terre végétale non remaniée, dont une partie est tapissée de verdure arborescente, et l'autre réservée au travail agricole.

Il m'a semblé que l'épaisseur de ce foyer était plus grande là où la roche abritait davantage, et que le contraire avait lieu dans les parties les plus exposées aux intempéries de l'air. La couche, très-noire et qui contraste d'une façon remarquable, par sa couleur et sa composition, avec les couches inférieures et supérieures qui la renferment, n'est qu'un composé d'ossements, pour la plupart d'herbivores, cassés, taillés, fragmentés, fendus en long et coupés de manière à faire présumer qu'on en a extrait la moelle. J'y ai trouvé aussi de menus fragments de poterie grossière, quelques poinçons faits avec des dents de blaireau effilées en pointe, plusieurs bois de cerf et de renne coupés et sciés dans leur pourtour à l'aide d'outils tranchants, probablement des silex taillés qui s'y rencontrent en très-grand nombre et dans toutes les dimensions. J'ai remarqué, à propos de ces silex, que la taille des plus gros était généralement rudimentaire, tandis que les petits ressemblaient davantage, comme soin et perfection du travail, à ceux qui caractérisent les mémorables fouilles faites aux Eyzies, près Périgueux. Au reste, le tout se présente comme une brèche très-noire et remplie de cendres charbonneuses, mais à qui a manqué, pour faire corps, un principe d'agglutination.

Le Bœuf, le Cheval, le Cerf, le Renne et le Blaireau, prédominent dans cet ancien et vaste foyer, que je n'ai, du reste, fouillé qu'incomplétement, et leurs ossements fossiles présentent généralement des entailles très-visibles dont on ne s'explique la netteté et la finesse qu'en les attribuant à l'homme et au tranchant acéré de son couteau siliceux.

On ne saurait mettre en suspicion l'authenticité de

ces restes anté-historiques, toutes les couches qui les
renferment n'ayant été remaniées sur aucun point de
leur étendue.[1]

La Lède, dernier affluent du Lot, dont nous ayons à
nous occuper, offre dans l'étroite vallée qu'elle parcourt, aux environs de Gavaudun, entre Salles et
La Capelle-Biron, d'irrécusables témoignages de l'antique existence de l'homme sur ses bords. Ils sont
fournis surtout par deux grottes d'une belle dimension,
distantes d'environ trois kilomètres et situées sur des
coteaux opposés, l'une près des forges de *Ratis* et de
Magnel, l'autre près du *Moulin-du-Milieu*.

La première de ces cavités est creusée dans le calcaire crétacé, sur la pente rapide de la chaîne de
coteaux bordant la vallée, au-dessus de Gavaudun. Je
n'ai rencontré qu'un reste de brèche osseuse avec
silex taillés de petite dimension. Les os, fortement cassés
et brisés, paraissaient tous avoir appartenu à des herbivores, et le travail des silex, bien qu'accusant des
retouches, les rattache évidemment à l'époque primitive.

Mais en remontant la Lède et la route, à un kilo-
mètre au-dessus de cette grotte, en face des forges de
Ratis et de *Magnel*, sur le côté opposé de cette même
route conduisant à La Capelle-Biron, j'ai observé, dans
les cavités formées par le calcaire crétacé,[2] une brèche

---

[1] Les travaux du chemin de fer allant d'Agen à Périgueux ont déjà fort
amoindri ce caravansérail naturel des générations quaternaires.

[2] Et non *jurassique*, ainsi que, par erreur d'observation, le disent
MM. CHAUBARD et DE RAIGNIAC.

osseuse paraissant être de la même date et de la même composition que celle de la grotte dont je viens de parler, et d'où j'ai pu retirer, entre autres spécimens, un beau métacarpien de Renne. Les travaux de construction de la route ont détruit la plus grande partie de cette belle brèche formée par les dépôts quaternaires et successifs des alluvions, issus du coteau qui la surmonte.

C'est de cette même brèche que parlent MM. Chaubard et de Raigniac, dans leur *Notice géologique sur les terrains du département de Lot-et-Garonne*, insérée dans le *Recueil des travaux de la Société d'agriculture, sciences et arts d'Agen ;* t. III, p. 103 (1834).

« Non loin de Gavaudun, disent-ils, sur les bords de
« la Lède, à l'usine de Ratis, vis-à-vis la porte au
« nord, se montre une cavité dans la masse même
« du calcaire jurassique où se trouvent mêlés avec de
« la marne argileuse une multitude d'ossements de qua-
« drupèdes. Nous y en avons remarqué un, dont le
« tissu compacte avait trois lignes au moins d'épais-
« seur, et qui, sans doute, a dû appartenir à un des
« plus grands mammifères de l'ancien monde. Les
« instruments que nous avions avec nous, ne nous per-
« mettant point de fouiller, nous n'y avons recueilli que
« des fragments prêts à se détacher d'eux-mêmes, et
« peu ou point caractérisés. C'est avec un bien vif
« regret que nous nous sommes vus forcés de quitter
« ces lieux sans avoir pu les enlever tous avec soin,
« car il serait curieux de savoir si ces ossements ont
« appartenu à des quadrupèdes différents de ceux
« trouvés dans le calcaire gypseux de Paris, de l'Or-
« léanais, de l'Agenais, etc. »

Les études sur les terrains quaternaires étaient fort peu avancées en 1834. Il n'est donc pas étonnant que les savants auteurs de cette notice n'aient pu se rendre un compte bien exact des restes de mammifères ainsi retrouvés, et qu'ils aient cru devoir en rapporter l'existence à l'époque tertiaire, tandis que, contemporains de l'homme-anté-historique auquel ils avaient servi de nourriture, ces animaux appartiennent à l'époque quaternaire primitive.

Arrivons maintenant à la grotte funéraire creusée dans un énorme banc de calcaire crétacé sur le bord de la Lède, près le *Moulin-du-milieu*. Cette grande cavité, en forme de four ordinaire, rappelle par sa position, sa forme, une partie de son contenu et l'aspect pittoresque des coteaux qui l'avoisinent, celles de *Laugerie-Basse* sur les bords de la Vézère.

Le sol est un composé terreux d'une forte épaisseur, qui, souvent à l'état de brèche, renferme nombre de silex taillés et d'ossements ayant pour la plupart appartenu à de grands mammifères.

Les silex y sont taillés assez grossièrement et souvent retouchés. J'y ai pu reconnaître des bouts de flèches, des hachettes et quelques couteaux-grattoirs.

Ainsi que dans les autres grottes, les os, pour la plupart d'herbivores (je n'ai pu caractériser des traces de carnassiers), sont cassés, fendus, souvent entaillés. Quelques-uns, très-volumineux, semblent avoir subi les effets d'une forte chaleur.

Une chose essentielle à noter à propos de cette grotte, c'est qu'elle a servi, paraît-il, de lieu de sépulture. Des ossements humains en ont été retirés à une profondeur d'un mètre 50 à 2 mètres ; ils appartenaient à deux squelettes d'origine très-ancienne, placés l'un au-dessus de l'autre, mais toutefois séparés par un mélange de cendres et d'une substance ressemblant à de la chaux. Je n'ai pas vu ces ossements, puisqu'ils furent exhumés plusieurs années avant mon exploration et abandonnés avec la plupart des restes d'animaux qui les accompagnaient dans la grotte, mais j'ai recueilli ces détails sur les lieux mêmes, de la bouche du propriétaire.[1] S'il est permis, à la rigueur, de faire des réserves sur l'exactitude scientifique de cette communication, on ne saurait douter qu'elle ne soit très-sincère.

Des os, en partie calcinés, que j'ai retrouvés depuis, tout près de l'endroit même où gisaient les squelettes et au milieu d'une couche de cendres, certains crânes entiers d'animaux rencontrés à la première fouille, et qui n'ont pu encore être déterminés, semblent indiquer un dernier sacrifice de la part des parents qui auraient amené là des animaux destinés à des offrandes ou bien à des repas funéraires.

Les deux squelettes humains dont il vient d'être question, remontent-ils à la même date que les restes des animaux et les silex taillés au milieu desquels ils se trouvaient placés ? Telle est la question que je me suis posée et que je n'ai pu résoudre, étant arrivé trop tard pour étudier les couches du sol, fortement remaniées depuis et en partie transportées ailleurs. Je suis néanmoins porté à admettre la contemporanéité de ces antiques débris et à attribuer ces deux squelettes aux

---

[1] M. Cassaignes, propriétaire de l'usine à papier dite *Moulin-du-Milieu*, près Gavaudun.

premières époques de l'âge de pierre. Du reste, ni M. Cassaignes dans ses fouilles, ni moi plus tard dans les
miennes, n'avons rencontré au milieu de ces restes de
toutes sortes, aucun objet d'*art*, le moindre brin de
métal, qui pussent nous amener à penser différemment.

V

GRAVIÈRES DES BORDS DU LOT.

AVEC OSSEMENTS FOSSILES DU QUATERNAIRE PRIMITIF.

Ainsi que je l'ai dit déjà, de riches gravières composent la majeure partie du sous-sol formant les belles vallées où coule le Lot.

Ces couches, dont l'épaisseur est parfois de 6 à 8 mètres, sont directement superposées au calcaire jurassique, de Cahors jusqu'à Fumel, — au crétacé de Fumel à Lapoujade, après Saint-Vite, — et enfin, au dépôt tertiaire pliocène d'eau douce, de Saint-Vite à Villeneuve.

Les cailloux qui composent ces gravières sont généralement roulés ou ovalaires. Ils sont formés de quarzites et de grés diversement colorés; un mélange argilo-sableux les accompagne ou les recouvre presque toujours. L'oxide de fer donne souvent à l'ensemble de ces couches une teinte jaune ou rouge plus ou moins intense.

Il a fallu de bien forts courants pour entraîner, rouler et déposer sur ces trois calcaires de nature différente, ces bancs puissants de silex ou de gros galets,[1] et c'est dans ces mêmes couches, assez profondes parfois, que se rencontrent le plus fréquemment les restes assez bien conservés des grands mammifères appartenant à l'époque dont nous nous occupons.

Voici, en quels termes, le 20 mars 1863, je rendais compte à M. le Préfet de Lot-et-Garonne, par une note détaillée, d'une découverte faite dans les gravières de nos environs :

« Pour me conformer à vos désirs, Monsieur le « Préfet, j'ai l'honneur de vous informer qu'il y a deux « mois à peine, il a été découvert dans nos terrains « d'alluvion, à côté du pont du chemin de fer traver- « sant le Lot, à *Boyer*, près Trentels, sur une partie du « domaine de M. Delbrel, ancien sous-préfet de Ville- « neuve, le squelette fossile d'une belle tête adulte de « Mammouth (*Elephas primigenius*, de Cuvier).

« Je dois aux soins obligeants de M. Delbrel, ainsi « que de MM. Debord et Papon, entrepreneurs de cette « section du chemin de fer d'Orléans, la possession de « deux belles mâchelières ayant appartenu à ce mons- « trueux pachyderme ; elles mesurent 28 centimètres de « long et pèsent chacune plus de 3 kilos. Ces deux

---

[1] Je n'ai encore trouvé aucun silex taillé dans l'intérieur de nos gravières. Du reste, la recherche qu'on pourrait en faire au milieu de si fortes cou- ches de cailloux roulés, est extrêmement difficile, si non impossible,

« molaires sont dans un état de parfaite conservation,
« chose d'autant plus précieuse que ces animaux ayant
« disparu depuis plus de dix mille ans, les restes fossiles
« qu'on en trouve doivent au moins avoir pareille date.—
« On peut, néanmoins, reconnaître sur l'une des dents
« le point d'affleurement de la gencive qui séparait la
« couronne du reste de la dent implantée dans les chairs
« et les mâchoires.

« J'ai pu conserver un morceau de la mâchoire où
« étaient implantées les racines de ces mêmes molaires;
« les autres parties du crâne ont trop souffert pour
« offrir un témoignage de quelque valeur.

« Comme le Cheval, le Rhinocéros, le Bœuf, le Cerf,
« etc., etc., le Mammouth, animal de l'époque quater-
« naire, devait vivre en nombreux et vastes troupeaux.
« Sa taille dépassait 5 à 6 mètres de haut; ses molaires,
« à large surface unie, marquées de nombreux sillons,
« ordinairement très-serrés et moins festonnés que celles
« d'aucune autre espèce d'Eléphant; sa peau, recou-
« verte de poils longs et serrés; sa crinière flottant sur
« son cou et le long de son épine dorsale; ses deux dé-
« fenses recourbées en demi-cercle, et ayant de 3 à
« 4 mètres de long, devaient faire de cet animal un des
« plus curieux de la création.

« Mais quelles sont les causes de la disparition à peu
« près subite des grands animaux de cette époque,
« Mammouth, Bœuf, Cheval, Rhinocéros, Cerf, Ours,
« etc, etc..., dont les espèces primitives contemporaines,
« au début, de nos animaux actuels, ont depuis des
« milliers d'années disparu de notre globe?...

« Je crois qu'on peut hardiment en donner pour causes
« principales :

« 1º Le deuxième déluge Européen, résultat du sou-
« lèvement et de la formation des Alpes,[1] qui a recou-
« vert en partie nos vallées et nos plaines de cailloux
« roulés et de limons argilo-sableux, souvent même fer-
« rugineux et calcaires ;

« 2º La période glaciaire, qui suivit peu de temps
« après le second déluge Européen. Le froid intense et
« subit qui la caractérisa dans le centre de l'Europe, y
« provoqua l'extinction de la vie organique qu'avait déjà
« très-compromise le déluge précédent.

« C'est ce qui explique la rencontre des deux mâche-
« lières et de divers gros ossements de Mammouth, dans
« les terrains d'alluvions de *Boyer ;* la présence d'un
« fémur brisé du même animal, dans les terrains meu-
« bles de la plaine de Ladignac, de deux belles défenses
« recourbées de ce même pachyderme dans les gravières
« des environs de Villeneuve-sur-Lot, des dents de Rhi-
« nocéros, de Bœuf, de Cheval, des bois de grand Cerf
« (*Cervus megaceros*), ainsi que du Cerf ordinaire,
« que recélaient les gravières et les terrains meubles
« de Rigoulières, Boyer, Ladignac, Pautard, Sézérac
« et Condat, près Fumel. Surpris par ce diluvium, ces
« animaux ont été emportés par les courants, roulés,
« noyés et finalement ensevelis au milieu de débris de
« toute espèce. »

Mais ces causes principales sont-elles les seules qui
aient contribué dans les vallées du Lot, sinon à l'extinction de ces divers animaux, du moins à la rencontre

---

[1] Ne pas confondre ce déluge avec le dernier déluge Asiatique, dont parle
l'Ecriture, et qui fut occasionné par le soulèvement d'une partie de la chaîne
du Caucase et la formation du Mont-Ararat.

de leurs dépouilles osseuses, dans les mêmes couches quaternaires? — Et, par suite, n'est-ce pas à l'homme, existant alors et révélé depuis par ses œuvres, que nous devons de retrouver parfois dans nos gravières ces débris d'êtres ayant vécu de son temps et portant à leur surface l'empreinte matérielle de son industrie?

Je me sens assez disposé à admettre, comme infiniment probable, la présence de l'homme dans nos vallées durant ces premiers dépôts quaternaires, et je base mon appréciation sur les faits suivants :

1º La présence, dans la gravière de *Boyer* et dans les grottes voisines, d'os d'herbivores entaillés ou incisés, avec une intention manifeste, sans doute au moyen d'un silex tranchant. Les animaux dont ils formaient la charpente ont dû servir à la nourriture de l'homme. Quelques-uns de ces os ont été fracturés dans le but évident d'en extraire la moelle; les arêtes de leur cassure ne sont pas usées par l'action du roulement.

2º La découverte, dans cette même gravière, de fragments de poterie cuite au soleil.

3º La présence de deux anciens foyers charbonneux, très-bien caractérisés, et situés, l'un à *La Pronquière*, tout près de la grotte, à plus de deux mètres de profondeur dans la gravière et les terrains meubles, l'autre à *Boyer*, non loin des restes fossiles d'Eléphant, de Bœuf, de Cheval et de Cerf, à plus de 0^m 60 de profondeur, dans une terre argilo-marneuse. Aucun de ces deux terrains ne présente à ce niveau trace de fouille ni de remaniement.

Quoi qu'il en soit, ajoutons à la liste des animaux ayant laissé leurs dépouilles dans les gravières des bords du Lot, la Chèvre et une variété de jeunes Cerfs dont

j'ai recueilli des fragments de bois aux environs de
Cahors.

Les gravières de *Peyrat*, près Larroque-des-Arcs, à
trois kilomètres de Cahors, et celles de *Saint-Ambroise*,
paraissent contenir bon nombre de dents et d'ossements
fossiles. J'en ai pu mettre au jour quelques débris.

J'ai extrait aussi, d'une cavité, aujourd'hui vidée, et
située au roc de *Bourrissou* ou *La Capelleto*, sur la
route de Larroque-des-Arcs, et toujours sur les bords
du Lot, quelques fragments d'os et de poterie, mêlés
avec du charbon, le tout d'une apparence très-ancienne,
mais sans le moindre silex taillé.

Continuant l'indication des espèces fossiles de l'époque quaternaire qui intéressent notre département, j'ai
à citer l'*Hélix pomatia*, si commun de nos jours dans le
Nord de la France et si rare dans le Midi. M. Duportal,
ingénieur des ponts-et-chaussées et très-habile géologue, l'a trouvé, toutefois, assez souvent dans les
dépôts de l'époque quaternaire des environs de Villeneuve.

Les dépôts de la vallée du Lot contiennent aussi un
grand nombre de mollusques qui vivent de nos jours,
ainsi que deux ou trois espèces d'*Hélix*, voisines de
l'*Hélix hortensis*, qui paraissent avoir disparu de la
surface de la terre.

VI

GRANDS SILEX TAILLÉS ET POLIS,

TROUVÉS EXCLUSIVEMENT A LA SURFACE DU SOL ET PARAISSANT
SE RAPPORTER AU DERNIER AGE DE PIERRE.

Ces silex, tous de grand volume et offrant une longueur moyenne de 10 à 20 centimètres, affectent deux
formes principales : 1° le fer de lance ; 2° la hache dite
celtique. J'ai trouvé de beaux spécimens des premiers.
Ils sont assez bien taillés, mais il n'y en a aucun de poli.
Quant aux seconds, qui sont aiguisés par un bout et se
terminent à l'autre en pointe mousse, ils présentent
comme une gradation d'efforts intelligents. Les uns
sont à peine ébauchés, d'autres taillés très-grossièrement,
d'autres enfin se distinguent par l'extrême régularité de
leur forme. Il en est qui n'ont reçu de poli que sur la
partie tranchante, tandis que d'autres l'ont reçu sur
toutes leurs surfaces : la plupart de ceux-ci ont de larges

côtés comme les haches de bronze pour lesquelles ils ont servi de modèle.[1] Ils sont généralement formés de silex meulière, assez commun dans les environs.

A Villefranche-de-Belvès et à Belvès même, j'ai fait une assez bonne moisson de silex en fer de lance; je n'y ai rencontré aucune hachette. Sauveterre sur la Lemance, Gavaudun sur la Lède, et les environs de Villeréal sur le Drot, ne m'ont, au contraire, fourni que des hachettes. Enfin, la partie de la plaine du Lot comprise entre Thézac, Perricard et le château de Sézérac, sur le bord de la rivière, m'ont donné l'une et l'autre forme.[2]

---

[1] Voir les silex figurés sur la carte, à la fin de la brochure.

[2] Je dois à la libéralité de MM. Issartier, propriétaire du château de *Sézérac*, Basset, notaire près Sauveterre, Testut, maire de Devillac, près Villeréal, et Papon, entrepreneur du chemin de fer d'Orléans, plusieurs beaux spécimens de ces silex taillés.

SYNTHÈSE & CONCLUSIONS.

Essayons de dresser dans ce dernier chapitre la synthèse des découvertes paléontologiques et archéologiques que j'ai successivement exposées.

En même temps que l'homme révélé par ses œuvres et par ses restes exhumés des antiques dépôts du diluvium,[1] paraissent avoir existé dans l'Agenais, durant les

---

[1] Outre la découverte faite, dans la caverne du *Moulin-du-Milieu*, près Gavaudun, de deux squelettes humains remontant très-probablement aux premières époques de l'âge de pierre et, par conséquent, contemporains des animaux, la plupart disparus ou émigrés, dont je dresse ici la liste, des crânes, des mâchoires principalement, ont été retrouvés ailleurs dans des conditions à peu près semblables. Je citerai entre autres : 1° Les squelettes humains retrouvés par M. Lartet dans la grotte funéraire d'Aurignac et qui sont contemporains du Mammouth et du *Rhinocéros tichorhinus*; 2° le fragment de mâchoire et ossements humains retirés de la caverne d'Arcy par M. le marquis de Vibraye ; 3° la mâchoire humaine que M. Boucher de Perthes a recueilli dans le diluvium de Moulin-Quignon près d'Abbeville, à 4 mètres cinquante de profondeur ; 4° les deux crânes et autres ossements humains contemporains du Renne et du Castor en Belgique, que M. Van-Beneden a extrait d'une grotte située dans la vallée de la Lesse, etc., etc.

Ces ossements humains étaient placés au milieu des restes sans nombre d'animaux leurs contemporains : Mammouths, Rhinocéros *tichorinus*, *Cervus megaceros*, Renne, Ours et Hyènes des cavernes, Castors, etc., etc., accompagnés de toutes les preuves de l'industrie primitive de l'homme, telles que : silex taillés de toute sorte, flèches et aiguilles en os ou en bois de Renne, charbons et cendres, etc., etc... Sur plusieurs points, une brèche stalagmitique réunissait en une masse compacte ces témoins si divers du monde anté-historique, preuve indiscutable, ce me semble, de leur contemporanéité.

temps si lointains de l'époque quaternaire les animaux dont suivent les noms :

L'Éléphant-Mammouth *(Elephas primigenius.)* — Le Rhinocéros à cloison nasale osseuse (*Rhinocéros tichorinus.*) — Le Bœuf primitif (*Bos primigenius*). — L'Aurochs (*Bison europæus*). — Le Cheval (*Equus fossilis ou cabollus.*) — Le Porc (*Sus scrofa.*) Le grand Cerf (*Cervus megaceros.*) — Le Cerf ordinaire (*Cervus elaphus.*) — Le Renne (*Cervus tarandus.*) — Le Bouquetin. — La Chèvre. — L'Ours des cavernes (*Ursus spelæus.*) — La Hyène des cavernes (*Hyœna spelœa.*) — Le Chat sauvage (*Felis catus ferus.*) — Le Loup (*Canis Lupus.*) — Le Renard (*Canis Vulpes.*) — Le Blaireau *Meles taxus.*) — Le Castor. — Le Lapin ou Lièvre. — La Belette. — La Chauve-souris. — Petits rongeurs de la taille du rat et de la souris. — Bon nombre de débris d'oiseaux, depuis la taille de la Cigogne et du Héron jusqu'à celle de la Perdrix et de la Caille. — Un poisson. — L'*Hélix aspersa* et *pomatia.* — Des *Hélix,* variétés voisines de l'*hortensis.* — Le *Cyclostoma elegans.*

En retrouvant dans les couches du terrain quaternaire ou dans celles du diluvium les restes de ces divers animaux associés au squelette de l'homme ainsi qu'aux agents et aux produits de son industrie, on est amené à admettre d'abord que l'homme et ces animaux ont vécu ensemble, et ont même été les témoins douloureux des trois derniers grands cataclysmes qui ont bouleversé la terre, à savoir : le déluge Européen, la période glaciaire et le déluge Asiatique.

Et poursuivant la logique des faits, nous sommes aussi naturellement portés à penser que ces trois grands phénomènes ayant dû comprendre eux-mêmes un vaste espace de temps durant lequel s'est continuée l'évolution de l'humanité, l'existence de l'homme et celle des animaux ses contemporains doivent remonter aussi à des milliers de siècles antérieurement à tout essai de tradition écrite.

Je ne vois pas pourquoi, faute d'inscriptions ou d'autres indices qui ne sauraient appartenir à cet âge, on ne s'en rapporterait pas au témoignage éloquent de la grossière industrie de nos pères. Son imperfection accuse elle-même, à l'œil exercé, la longue existence collective de l'homme.

Comment, au reste, pourrait-on accepter la théorie de l'unité d'origine de tant de races distinctes qui existent . de nos jours, et les faire descendre toutes d'un seul couple, si on voulait s'en tenir à la date de six mille ans?

« Il a fallu, dit avec raison M. Charles Lyell,[1] pour la
« formation lente et graduelle de races comme la race
« caucasique, mongole ou nègre, un laps de temps bien
« plus grand que celui qu'embrasse aucun des systèmes
« populaires de chronologie...................... Si les races
« diverses descendent toutes d'un seul couple, il nous
« faut admettre une vaste série d'âges antérieurs, pen-
« dant le cours desquels l'influence continue des circons-
« tances extérieures donna naissance, à la longue, à des
« particularités qui devinrent plus saillantes durant un
« grand nombre de générations successives, et finirent
« par se fixer par transmission héréditaire. »

Appliquons, maintenant, ces idées générales aux faits particuliers recueillis dans notre Sud-Ouest.

---

[1] Dans ses principes de Géologie.

Comme je l'ai dit précédemment, comme aussi le dé-
notent les terrains jurassique, crétacé et tertiaire sur
lesquels roule le Lot, cette rivière est vraisemblablement
de formation post-pliocène. Nul doute qu'elle n'ait vu,
une des premières, l'homme vivre et mourir sur ses rives.
Cette conviction est née pour moi des découvertes que
j'ai faites dans le diluvium de ses vallées et de ses coteaux.
Rien n'est plus primitif, plus rudimentaire que la taille
des pierres siliceuses qu'il a fournies à ma collection.
Tranchant à peine reconnaissable, formes à peine arrê-
tées, voilà ce qui les caractérise.

Les os fendus et aiguisés en pointe ne présentent
aucune trace d'art; la poterie a été cuite au soleil. Si on
y ajoute quelques débris de charbon, on aura une idée
exacte de l'industrie primitive, sur les bords du Lot.

L'homme, durant cette période, devait vivre en petites
familles isolées. Rare encore et n'ayant que de faibles
moyens d'outillage et de défense, il habitait pendant la
mauvaise saison les grottes et les surplombs de roches
voisins des rivières ou autres cours d'eau. Il en sortait
pour aller chasser dans les forêts de la plaine; les animaux lui servaient de nourriture et leur peau, de vêtements.

L'examen approfondi des divers objets sortis de mes
fouilles, me confirme dans la pensée que l'état des arts
dans ces temps lointains a dû rester stationnaire pendant des périodes assez longues pour permettre à certaines variétés d'animaux de se produire et de disparaître.

Je termine par quelques mots de comparaison entre
le résultat des fouilles que j'ai faites dans les plaines du
Lot et de ses affluents, et ceux des recherches opérées
en même temps et dans divers lieux, notamment dans

la Dordogne, par MM. Lartet, Christy et le marquis de Vibraye.

Des motifs de haute convenance ne me permettant pas d'aborder les détails qu'exigerait cette comparaison,[1] je ne fais que les énoncer sommairement.

1° Les silex taillés retirés des grottes des bords du Lot sont, en général, d'un aspect très-rudimentaire, d'une taille aussi primitive qu'il semble possible.[2] Ils accusent un degré de civilisation bien inférieur à celui qui révèlent les silex provenant des grottes de la Vezère. Les os taillés en poinçon et aiguisés en armes de défense ne peuvent davantage se comparer avec les magnifiques flèches barbelées faites en bois de Renne, ainsi qu'avec les aiguilles en os percé et poli que recèlent les nombreuses cavités des Eyzies.[3]

2° L'homme, dans les vallées du Lot, paraît avoir été rare, isolé, vivant en famille sans doute, mais nullement en groupes sociaux. — Sur les rives de la Vezère,

_____

[1] Ces illustres savants étant à la veille de publier un grand ouvrage où seront consignés leurs magnifiques découvertes, je m'abstiens même de parler de la visite que j'ai eu l'honneur de leur faire aux Eyzies, d'où j'ai rapporté de curieux échantillons, de judicieux conseils et de nombreux motifs de reconnaissance.

[2] Beaucoup de ces silex ressemblent, par leur taille et leur forme, à ceux qu'on retrouve dans le diluvium de Madrid, et que Don Casiano de Prado, inspecteur général des mines, a si bien représentés dans son magnifique travail intitulé : *Description physique et géologique de la province de Madrid*. Je dois à la rare libéralité de Don Carlos Ibañez é Ibañez, colonel du génie et membre de l'Académie des sciences et de l'Académie royale d'Espagne, un exemplaire de cet ouvrage très-intéressant à plusieurs titres, ainsi que d'une belle carte géologique d'Espagne, dressée par Don Amalio Maestre, inspecteur des mines.

[3] Voir, pour la comparaison, les figures de la planche qui accompagne ce Mémoire.

au contraire, et dans d'autres lieux comme Bruniquel et Aurignac, nous le jugeons très-multiplié, possédant des ateliers d'armes, faisant preuve d'une industrie avancée et déjà vivant en société.

3° Si, au point de vue paléontologique, les contrées du Lot paraissent être plus riches en espèces, celles de la Vezère et de certaines autres localités lui sont archéologiquement supérieures. Il nous semble, en conséquence, que l'homme a dû s'établir dans celle-ci plus tard que dans les vallées du Lot et de ses affluents.

Ces considérations, jointes à celles que j'ai précédemment exposées, me font naturellement conclure :

Que nulle contrée déjà explorée ne paraît, jusqu'ici, avoir vu l'homme à un état aussi primitif et conséquemment à une date aussi ancienne que la région étudiée dans ce Mémoire;

Que l'homme, dont nous trouvons les restes dans les grottes ou diluvium de nos localités, n'avait rien de commun avec les peuplades asiatiques;[1]

Enfin, que l'âge de pierre, qui d'ailleurs comprend plusieurs longues époques, principalement dans nos contrées, a vu l'homme du Midi s'agiter au milieu de la faune quaternaire; que ce dernier, ayant existé pendant toute la période caractérisée par cette faune (et peut-être même pendant la période pliocène tertiaire),[2] peut

---

[1] Elles ne vinrent dans ces lieux que bien plus tard. Au reste, d'après M. d'Omalius d'Halloy, la souche de la race européenne aux yeux bleus, au teint clair et aux cheveux blonds, ne paraît pas être d'origine asiatique (aryenne ni araméenne).

[2] L'homme, qui aurait encore pu vivre pendant l'époque tertiaire, ne

être regardé comme le *testis diluvii*, dont il a été victime
en Europe et en Asie, et qu'il a été présent aux divers
cataclismes à qui sont dus le creusement de nos vallées,
le retrait de nos glaciers et la disparition de plusieurs
continents au sein des grandes eaux.

P.-S. — J'ai joint à la brochure une planche où sont
représentées, comme preuve de l'industrie humaine, les
principales tailles et les formes progressives du silex,
des os et du bois de Renne, pendant l'âge de pierre. J'ai
fait aussi figurer quelques fragments de dents ou de
mâchoires des principaux animaux contemporains de
cette époque.

Au reste, de grandes armoires, à la disposition des
visiteurs, contiennent les divers débris ou échantillons
paléontologiques et archéologiques (dents et ossements
d'animaux, silex taillés, poteries, charbons, coprolithes,
objets travaillés, brèches, etc., etc.), dont je parle dans
cette brochure. Ces restes précieux y sont déposés par
ordre, à côté de plus anciens encore, que j'ai moi-
même recueillis dans les terrains tertiaire et secondaire de nos localités.

---

saurait s'être accommodé des conditions atmosphériques de l'époque secondaire, ce qui fait qu'on ne doit avoir nul espoir de le retrouver jamais dans
ces couches.

De L'HOMME ANTÈ-HISTORIQUE et des ANIMAUX CO-EXISTANTS dans les CONTRÉES du LOT, (Rivière.)

SILEX et OS TAILLÉS de L'AGE de PIERRE.

Hauteur . . 7 centimètres.
Largeur . . 4 centimètres.
SILEX taillé.
(Forme primitive.)

Hauteur . . 8 et 12 centim²
Largeur . . 2 et 3 centim²
SILEX taillé,
(Couteau-Grattoir.)

Hauteur . . 15 centimèt²
Largeur . . 6 centimèt²
SILEX taillé.
(Hachette de taille primitive.)

Hauteur . . 13 centimèt².
Largeur . . 6 centimètres.
SILEX taillé et poli en partie.
(Hachette Celtique.)

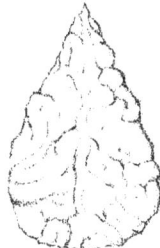

Hauteur . . 10 et 14 centim²
Largeur . . 6 et 8 centimètres.
SILEX taillé.
(Fer de lance.)

Hauteur . . 6 et 20 centimètres.
Largeur . . 3 et 8 centimètres.
SILEX poli.
(Hachette Celtique.)

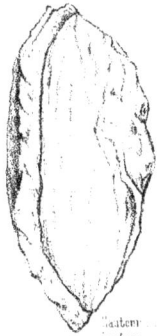

Hauteur . . 18 centimètres.
Largeur . . 6 centimètres.
OS taillés en pointes.
(La Frouquière.)

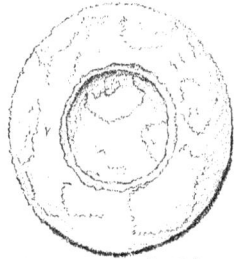

Hauteur . . 6 et 7 centim.
Largeur . . 3 et 4 centimèt.
OS taillés en bout de flèches.
(Les Vélènes.)

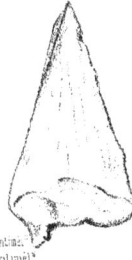

Hauteur . . 16 centimèt.
Largeur . . 5 centimètres.
OS taillés en pointes.
(La Frouquière.)

Hauteur . . 15 et 18 centimètres.
Epaisseur . . 6 et 7 centimètres.
SILEX

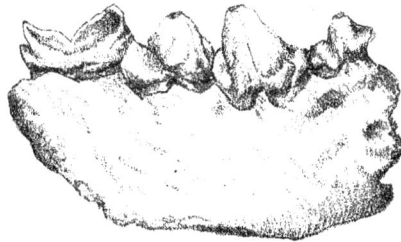

HYÈNE des CAVERNES (Grandeur Naturelle.)

HACHETTE (Cassée) de Nature Siliceuse,
Polie et Sculptée avec apparence d'une sorte de vernis
et pièces rapportées. (Grandeur Naturelle.)

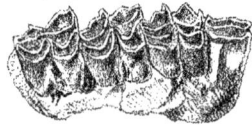

MOLAIRE et partie de MACHOIRE inférieure de CERF.
(Cervus Elaphus.)

AIGUILLE en OS poli (Grandeur Naturelle.) (Eyzies.)

MOLAIRE de BŒUF.
(Bos Primigenius.)

FLÈCHE en Bois de Renne, sculptée et polie (Grandeur Naturelle.) (Eyzies.)

Longueur . . . . . . 30 centimètres.
Largeur . . . . . . 8 centimètres.
Poids de la Molaire . . 4 Kilos.
MOLAIRE de MAMMOUTH. (Elephas Primigenius.)

MOLAIRE de RHINOCEROS. (Rhinoceros tichorhinus)
(Grandeur Naturelle.)

MOLAIRE Supérieure droite de CHEVAL.
(Equus Caballus ou Equus Fossilis.)
Longueur . . . . . . 6 et 8 centimètres.
Largeur et épaisseur . . 2 et 3 centimètres.

IMP. LITH. F. HUBER, AGEN.

TABLE DES MATIÈRES.

AGEN, IMPRIMERIE DE PROSPER NOUBEL.